Bibliografische Information der Deutschen Nationalbibliothek:

Die Deutsche Bibliothek verzeichnet diese Publikation in der Deutschen Nationalbibliografie; detaillierte bibliografische Daten sind im Internet über http://dnb.d-nb.de/ abrufbar.

Impressum:

Druck und Bindung: Books on Demand GmbH, Norderstedt Germany
ISBN: 9783668744776

Dieses Buch bei GRIN:

https://www.grin.com/document/432234

Dieter Wessels

Gebirgsmechanische Grundlagen zum rheologischen Verhalten von Salzgesteinen

GRIN Verlag

Gebirgsmechanische Grundlagen zum rheologischen Verhalten von Salzgesteinen

Dipl.-Ing. Dieter Wessels

..... in der Zeit von 1983 bis 1986 Student bei Prof. Dr. Wolfgang Dreyer, einem der weltweit renommiertesten Salzmechaniker an der TU Clausthal, dem seine Studenten immer das Wichtigste waren. Ihm gilt mein Dank.

Bergkamen-Rünthe, NRW, Oktober 1988
1. Auflage

Puerto de la Cruz, Teneriffa, Juli 2018
2. Auflage

Inhaltsverzeichnis

1 Einleitung

Reale Materialien werden nach verschiedenen mechanischen Eigenschaften klassifiziert. Je nach vorherrschendem Verhalten werden sie als elastisch, plastisch oder viskos bezeichnet. Die Formulierung für das Spannungs-Verformungs-Verhalten basiert meist auf der Grundlage idealisierender Annahmen, die für bestimmte Bereiche von Spannung, Deformation, Temperatur und anderen Einflüssen definiert werden.

Das Ziel der Rheologie ist die Entwicklung von Stoffgesetzen, die eine genaue Beschreibung des Deformationsverhaltens realer Stoffe ermöglichen.

Um die Einführung und Anwendung der Rheologie in der Gebirgsmechanik haben sich besonders Salustowicz /12/ [1] und Höfer /12/ bemüht. Wegen der jungen Geschichte dieses wissenschaftlichen Ansatzes in der Gebirgsmechanik liegt es auf der Hand, dass es, wie bei Dreyer /7/, in der Literatur zu verschiedenen Standpunkten in einzelnen Fragen rheologischer Ansätze und Interpretationen der Anwendung gekommen ist.
Ziel dieser Arbeit ist es, als gebirgsmechanische Grundlage, zu deren Verständnis, eine Einführung und Darstellung der Modelle des rheologischen Verhaltens von Steinsalzen zu geben und unterschiedliche Ansätze dieser jungen Wissenschaft vorzustellen, wie sie im deutschsprachigen Raum publiziert werden.

In einem Resümee soll auf Widersprüche im wissenschaftlichen Ansatz hingewiesen und Thesen zu einer koordinierten Zielsetzungen formuliert werden.

1 Die Ziffern beziehen sich auf die nummerische Folge im Literaturverzeichnis

2 Grundlage der Rheologie

Rheologie wird als die Lehre der Deformierbarkeit von Stoffen angesehen und geht somit weit über seine eigentliche Bedeutung als Kunde vom Fliessen hinaus. Als Begründer einer rheologischen Wissenschaft wird der US-Amerikaner Eugene C. Bingham angesehen, der 1022 das Werk „Fluidity and Plasticity" veröffentlichte und massgeblich an der Gründung der Rheologischen Gesellschaft in den USA beteiligt war.

Rheologie lässt sich in die technische Mechanik einordnen. Sie steht jedoch der klassischen Mechanik mit seiner Elastizitätstheorie gegenüber, da diese zur Ermittlung der Spannungsverteilung und der durch sie verursachten Verformungen nicht ausreicht, insbesondere nicht, wenn sich zeit- oder temperaturabhängige Belastungen ergeben.

Die Grundvoraussetzungen zur Anwendung der Rheologie in der Gebirgsmechanik hat Jaburek /14/ in zwei Axiomen zusammengefasst:

„Erstes Axiom:

Unter isotropem, d. h. allseitig gleichem Druck verhalten sich alle einheitlichen und einfachen Materialien, von den Gasen bis zu den festen Stoffen, praktisch gleich. Sie sind rein und einfach elastisch. Dies gilt auch für dichte homogene Gesteine, sofern die Drücke nicht übermässig hoch werden.

Zweites Axiom:

Jedes Material besitzt, wenn auch in unterschiedlichem Mass, alle rheologischen Grundeigenschaften der Elastizität, Viskosität und Plastizität."

Das Spannungs-Verformungs-Verhalten kann vereinfachend als Superposition elastischer, reversibler Verzerrungen und irreversibler zähflüssiger bzw. plastischer Versetzungen gesehen werden. Verzerrungen und Versetzungen und deren Spannungs- sowie Zeitabhängigkeiten werden mit Hilfe rheologischer Modelle veranschaulicht.

2.1 Ideale rheologische Körper

Ideal-elastische Deformationen werden durch den **Hooke´ schen Körper** dargestellt und von einer masselosen Feder verkörpert. Das Spannungs-Verformungs-Verhalten beschreibt Koenzen /16/ im eindimensionalen Fall durch die lineare rheologische Gleichung:

$$\sigma_t = E_H \times \varepsilon_t \qquad (2.1)$$

mit: σ_t = zeitliche Ableitung der axialen Spannungen

E_H = Modul der elastischen Deformation

ε_t = zeitliche Ableitung der axialen Relativverformung

deal-viskose, irreversible Versetzungen entsprechen der direkten Abhängigkeit zwischen eingeprägter Spannung und daraus resultierender Deformationsgeschwindigkeit in Richtung des Spannungsvektors:

$$\sigma = \eta_N \times \varepsilon_t \qquad (2..2)$$

mit: σ = axiale Spannung

η_H = Koeffizient der dynamischen Viskosität

ε_t = zeitliche Ableitung der axialen Relativverformung

Sie werden im Falle konstanter Viskositätskoeffizienten im isobaren und isothermen Prozess durch die **Newton-Flüssigkeit** repräsentiert. Als mechanisches Modell dient ein als ebenfalls masselos gedachtes Dämpfungsglied mit linearer Charakteristik.

Das dritte Grundelement als rheologisches Symbol für plastische Verformungen ist der **St. Venant-Körper,** dessen Zustandsgleichung:

$$\sigma = \sigma_F \qquad (2.3)$$

mit: σ = axiale Spannung

σ_F = Fliessgrenze

lediglich Auskunft über die Grösse der Fliessgrenze gibt, oberhalb derer plastische Verformungen auftreten. Über die Verformungen selbst werden hierbei jedoch keine quantifizierbaren Aussagen gemacht. Eine Übersicht über die rheologischen Grundkörper mit seinen Eigenschaften, Modellen und Symbolen zeigt Abbildung 1.

Körper	Eigenschaft	Modell	Symbol
Hooke	Elastizität	Feder	
Newton	Viskosität	Kolben in zäher Flüssigkeit	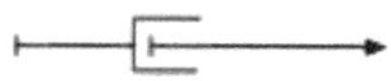
St. Venant	Plastizität (Fließgrenze)	Reibungsklotz	

Bild1: Rheologische Grundkörper /18/

Die rheologischen Grundkörper können durch Reihen und Parallelschaltung zu kombinierten Modellkörpern zusammengesetzt werden. Mit Hilfe komplexerer Modelle gelingt es, sich dem zeit- und temperaturabhängige Spannungs-Deformations-Verhalten realer Materialien, durch entsprechende Anzahl und Wahl der Parameter, in beliebiger Genauigkeit durch empirisch phänomenologische Ansätze anzunähern.

Beim Eintritt von Viskosität und Plastizität gehen die Verformungsenergien verloren, bei elastischer Verformung wird sie hingegen gespeichert. Die Viskosität ist weiter dadurch gekennzeichnet, dass sich schon unter geringer Last langsame Bewegungen ergeben, was bei plastischem Verhalten nicht der Fall ist.

2.2 Rheologisches Verhaltens

Die Gesetzmässigkeiten rheologischen Verhaltens unter komplizierten Spannungszuständen zeigen sich, wenn man die Spannungen in zwei Teile zerlegt. Erstens in den Tensor gleichmässigen allseitigen Drucks und zweitens in den Spannungsderivator /14/.

Der Spannungsdeviator folgt somit Gleichung 2.4:

$$\underline{\underline{s}} = \begin{bmatrix} \sigma_x & \tau_{xy} & \tau_{xz} \\ \tau_{yx} & \sigma_y & \tau_{yz} \\ \tau_{zx} & \tau_{zy} & \sigma_z \end{bmatrix} - \begin{bmatrix} p & 0 & 0 \\ 0 & p & 0 \\ 0 & 0 & p \end{bmatrix} = \begin{bmatrix} \sigma_x - p & \tau_{xy} & \tau_{xz} \\ \tau_{yx} & \sigma_y - p & \tau_{yz} \\ \tau_{zx} & \tau_{zy} & \sigma_z - p \end{bmatrix}$$

Beim Spannungstensor (bzw. seiner Matrixnotation) ist der hydrostatische Anteil gerade der Druck. Der mittlere allseitige oder hydrostatische Druck bewirkt elastische Verformung und elastisch aufgespeicherte Volumenänderungsarbeit. Der mittlere hydrostatische Druck ergibt sich zu Gl. 2.5:

$$p = \frac{\sigma_x + \sigma_y + \sigma_z}{3}$$

Der Spannungsdeviator. Der alle Schubspannungen enthält, bewirkt eine volumenänderungsfreie Verzerrung und Gestaltungsänderungsarbeit. Er führt zum Fliessen, Kriechen und zum Bruch.

Beim Salz ist das herausragende Merkmal rheologischen Verhaltens die Fähigkeit, auftretende Spannungsspitzen durch plastische Verformung abzubauen (sogenannte: Relaxation). Das bedeutet, dass die Gefahr eines Bruchs deshalb gering ist, weil das Material bereits vor dem Bruch den Spannungsspitzen durch Verformung ausweicht, sobald die Fliessgrenze erreicht ist /20/.

In einer Gegenüberstellung ist das rheologische Verhalten durch qualitative Spannungsverteilungen um Hohlräume in Abhängigkeit von der Entfernung a) im elastischen und b) im visko-plastisch-elastischem Medium dargestellt Bild 3:

a)

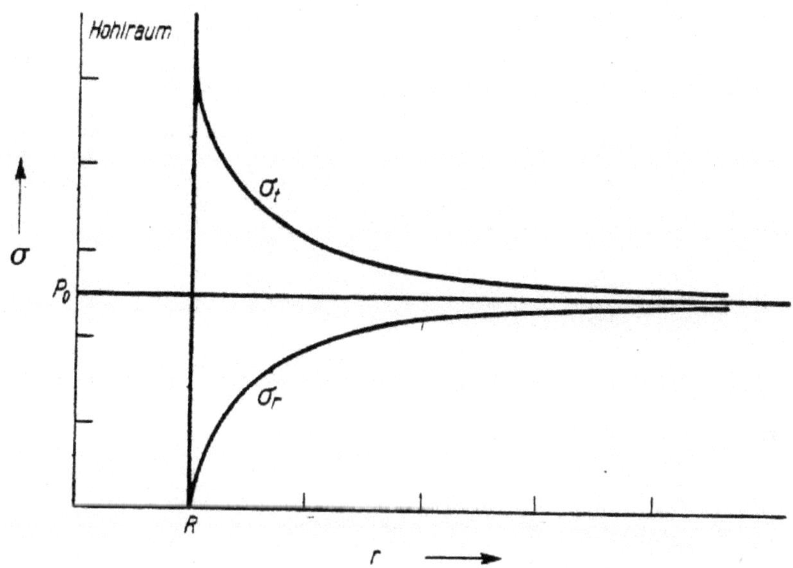

b)

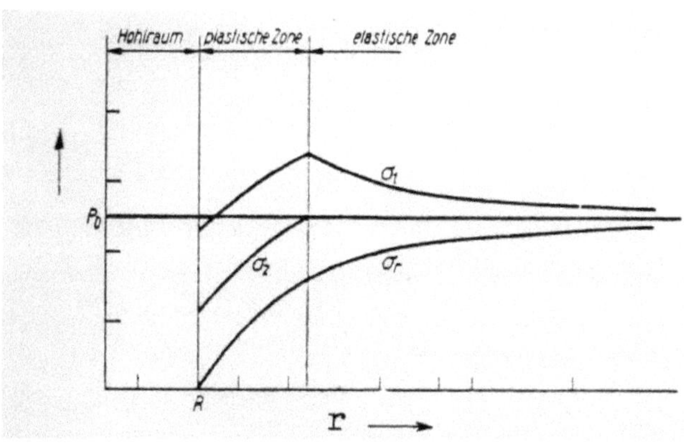

Bild 3: Spannungsverteilung um einen Hohlraum im a) elastischen und b) visko-plastisch-elastischem Medium /11/

Deutlich zu erkennen ist der Spannungsspitzenabbau am Hohlraumrand und die Ausbildung einer plastischen Zone.

Eine andere Darstellung des rheologischen Verhaltens von Salzgesteinen ist in Bild 4 gegeben. Hier wird das Deformations-Zeit-Verhalten in Abhängigkeit verschiedener Dauerlasten aufgezeigt.

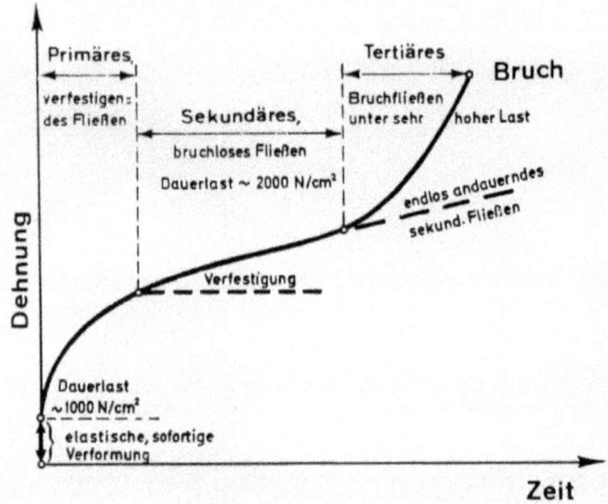

Bild 4: Das rheologische Verhalten der Salzgesteine unter Dauerlasten /17/

Dieses Beispiel ist deshalb gewählt worden, um zu belegen, wie uneinheitlich sich die Literatur in der Verwendung von Begriffen darstellt.

In seiner Abbildung nennt Kratzsch drei Zonen des Fliessens: primäres, sekundäres und tertiäres Fliessen. Nach Meinung des Verfassers wären sie besser als Zonen des Kriechens bezeichnet worden, da eine langsam fliessende Verformung unter gleichbleibender Last in den überwiegenden Zahl von Veröffentlichungen, als Kriechen definiert ist. Weiter weist der Autor der gesamten tertiären Zone Bruchfliessen zu. Bruchfliessen ist aber das gleichzeitige Fliessen und Brechen und wird als Begriff verwendet, wenn zwischen beidem nicht unterschieden werden kann. Das Bruchfliessen und das tertiäre Kriechen als beschleunigte Deformation in der

Vorphase des Bruchfliessens sollten keinesfalls als synonyme Begriffe verwendet werden /20, 26/.

2.3 Stoffverhalten

Salzgestein zeigt inelastisches Materialverhalten, das durch Abweichung vom Hook´schen linear-elastischen Stoffgesetz gekennzeichnet ist.

Die Gesamtverzerrung eines Körpers kann, wie im Kapitel 2 angedeutet, nach der Boltzmann´schen Hypothese der Additivität ausgedrückt werden:

$$\varepsilon = \varepsilon_{el} + \varepsilon_{th} + \varepsilon_{pl} + \varepsilon_{v} \qquad (2.6)$$

mit: ε = Gesamtverzerrung

ε_{el} = elastischer Anteil

ε_{th} = thermischer Anteil

ε_{pl} = plastischer Anteil

ε_{v} = viskoser Anteil.

2.3.1 Elastisches Verhaltens

Im einaxialen Versuch ergibt sich der Elastizitätsmodul im elastischen Bereich näherungsweise als Quotient von Spannung und Verformung:

$$E = \Delta\sigma / \Delta\varepsilon \qquad (2.7)$$

mit: E = Elastizitätsmodul

$\Delta\sigma$ = Spannungsdifferenz

$\Delta\varepsilon$ = Verformungsdifferenz

Der Differenzenquotient wird bei elasto-plastischen Materialien auf dem Entlastungsweg gemessen /26/.

Diese Unterscheidung ist deshalb nötig, weil nur der Anfangs-Elastizitäsmodul im elastischen Bereich als universelle Materialkonstante angesehen werden kann.

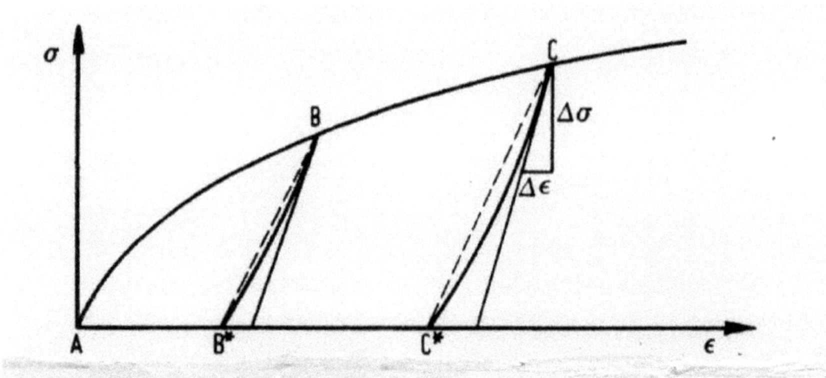

Bild 5: Definition des Elastizitätsmoduls

Beim Salzgestein gilt eine strenge Proportionalität zwischen Spannung und Dehnung nur bei geringen Lasten; bei höheren Spannungen steigt der Elastizitätsmodul an. Es gilt nach /6/ Gl. (2.8):

$$E = 6{,}3 \cdot 10^4 \cdot \frac{1 + 2{,}05 \cdot 10^{-4} \cdot p}{1 + 1{,}66 \cdot 10^{-4} \cdot p} \quad [N/cm^2],$$

mit: p als Druckbelastung in N / cm^2

Der Verlauf der Elastizitätsmoduländerung in Abhängigkeit des Lasteintrages zeigt /6/ in Abb. 6 nach.

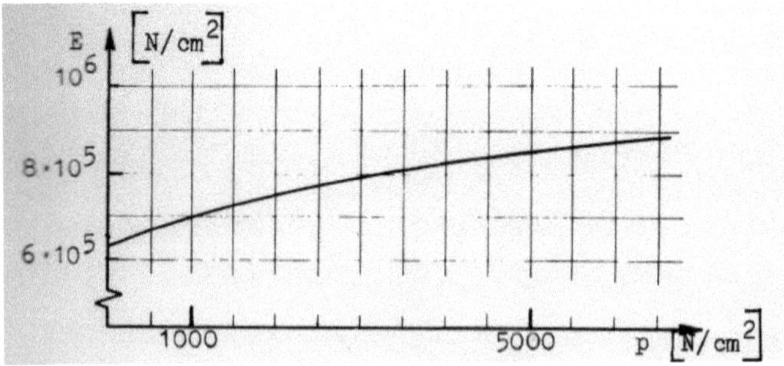

Bild 6: Elastizitätsmodul von älterem Steinsalz

In Tabelle 1 sind die Anfangselastizitäsmoduln anderer Salzgesteinsproben zusammengestellt, die signifikante Unterschiede in der Grössenordnung aufzeigen und daher stets einer besonderen Beachtung bedürfen.

Gestein		E [kN/m²]	Fehler [%]
Steinsalz	Nr. 1	9 300 000	± 7,1
	Nr. 2	15 200 000	6,2
	Nr. 3	11 300 000	5,6
Sylvinit		7 900 000	7,4
Hartsalz	Nr. 1	12 200 000	7,7
	Nr. 2	10 700 000	8,7

Tabelle 1: Anfangselastizitätsmoduln unterschiedlicher Steinsalzproben nach Dreyer

Als weiterer Parameter der Beurteilung elastischen Verhaltens wird nach /26/ die Querdehnungszahl oder als dessen Kehrwert die Poissonsche Zahl m bezeichnet. Auch hier ergibt sich nach /6/ eine Lastabhängigkeit mit dem Zusammenhang nach Gl.. (2.9):

$$m = 4{,}1 \cdot \frac{1 - 1{,}67 \cdot 10^{-3} \cdot p}{1 - 3{,}42 \cdot 10^{-3} \cdot p} ,$$

mit: p als Druckbelastung in N / cm²

Den Verlauf der Elastizitätsmoduländerung in Abhängigkeit des Lasteintrages zeigt Abb. 7 nach.

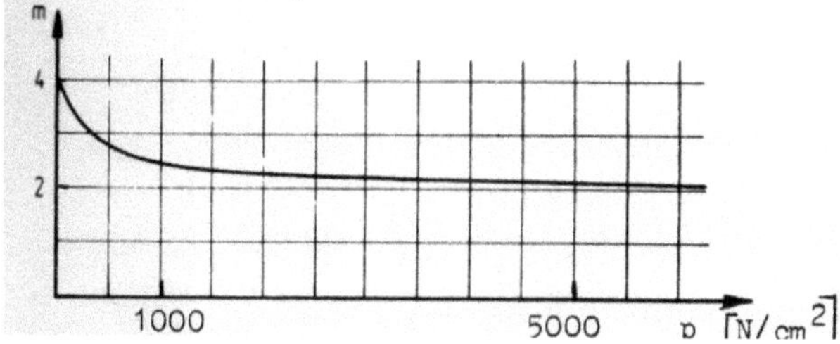

Abb. 7: Poisson´sche Zahl von älterem Steinsalz

2.3.2 Plastisches und zeitabhängiges Verhalten

Auf die beschreibende Darstellung plastischen und zeitabhängigen Verhaltens soll an dieser Stelle nicht eingegangen werden, da sich dieses durch Kriechvorgänge im belasteten Material beschreiben lässt. Dem Kriechen ist später ein eigenes Kapitel vorbehalten.

2.3.3 Bruchverhalten

Ein wesentliches Mass für das Bruchverhalten von Salzgestein ist die Festigkeit, die im Wesentlichen durch Material und Gefüge gegeben sind. Neben dieser ist für den Bruch aber auch die Belastungsgeschwindigkeit von grosser Bedeutung. Sehr übersichtlich und veranschaulichend hat /26/ diesen Zusammenhang in Abbildung 8 aufgezeigt:

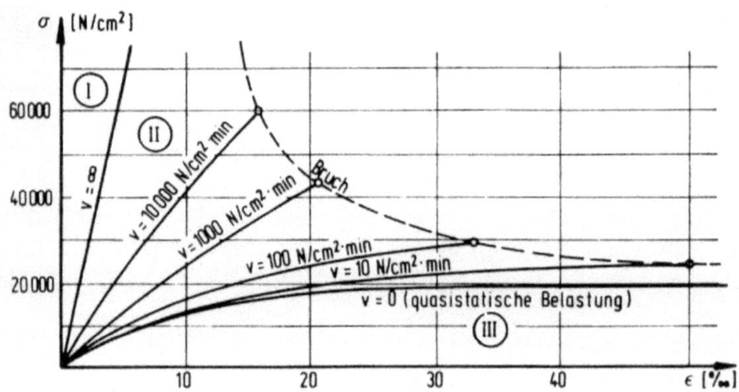

Bild 8: Abhängigkeit des Kennlininenverlaufs von Salzgestein von der Belastungsgeschwindigkeit nach Vollstedt

I - rein elastisches Verhalten

II - Verformung und Fliessen mit Verfestigung

III - Fliessen unter Zerrüttung und Entfestigung

Bei hohen Belastungsgeschwindigkeiten verhält sich Steinsalz spröde. Die Sprödigkeit ist der Belastungsgeschwindigkeit proportional. Bei quasistatischen Belastungen verhält sich Steinsalz zäh. Rein elastisch ist das Verhalten bei extrem hohen Belastungsgeschwindigkeiten. Bei extrem niedrigen Belastungsanstieg kriecht das Material unendlich lange, ohne seine Bruchfestigkeit zu erreichen.

3 Rheologische Untersuchungsmethoden

Bei der Beschreibung rheologischer Untersuchungsmethoden muss festgestellt werden, dass sich Literatur hier sehr unterschiedlich darstellt. Wenn auch das Internationale Büro für Gebirgsmechanik Empfehlungen für einheitliche Untersuchungsmethoden herausgegeben hat, so ist doch zu konstatieren, dass nicht nur verschiedene Parameter, sondern auch gleiche Parameter mit unterschiedlichen Methoden bestimmt werden. Begründungen für ihre unterschiedlichen Vorgehensweisen werden von den Autoren in der Regel nicht angegeben. Hier bedarf es zukünftig vergleichende Standards um wissenschaftlichen Ansprüchen vollends gerecht zu werden.

Bei der Bestimmung rheologischer Zustandsgleichungen oder Parameter werden in der Literatur mehrere Untersuchungsmethoden vorgestellt; hier werden drei davon vorgestellt:

1. statistische Labormessungen,
2. statische in-situ-Messungen,
3. dynamische Messmethoden.

3.1 Messungen an Laborproben

An den Anfang der Untersuchungen werden Festigkeitsbestimmungen der Salzgesteine gestellt, die dann als Grundlage weiterer Zustandsuntersuchungen dienen. Ermittelt wird der Einfluss von Spannung, Spannungszustand, Zeit und Temperatur auf das Kriechverhalten.

Die Festigkeitseigenschaften werden einachsig und mehrachsig untersucht. Der Zeiteinfluss wird in Kurz- und Langzeitversuchen unter Last ermittelt. Der Temperatureinfluss ist in Wärmekammern bestimmbar.

In den Beschreibungen ihrer Untersuchungsmethoden geben Dreyer /6/, Knoll /15/ und Eranzov /8/ eine detaillierte Beschreibung des Verfahrens und der benutzten

Prüfgeräte. Bei Langer /18/ und Wallner u.a. /27/ werden dagegen ausschliesslich die verwendeten Geräte beschrieben. Im Folgenden wird eine Darstellung signifikanter Unterschiede in den Festigkeitsbestimmungen von /6/, /15/ und /8/ in Tabelle 2 gegeben.

Festigkeitsbestimmung	Dreyer	Knoll	Erzanov
1. einachsig			
Belastung $\dot{\sigma}$ [$N/cm^2 min$]	10 - 11700	100	3333 - 6666
Körper	Würfel	prism. Säulen	Hohlzylinder
Schlankheitsmaß	$\lambda = 1$	$\lambda = 2$	H = 102 mm D_a = 76 mm D_i = 38 mm
2. mehrachsig			
Spannung σ_1 [N/cm^2]	0 - 2500000	0 - 1638	keine Angabe
Spannungsverhältnis σ_2/σ_3	1 und $\neq$ 1	1	k. A.
Belastung $\dot{\sigma}_1$ [$N/cm^2 min$]	130 - 8330	k. A.	833
3. Temperaturbereich [°C]			
einachsiger Vers.	20 - 140	-30 bis 140	22 - 200
mehrachsiger Vers.	k. A.	k. A.	75 - 125

Tabelle 2: Signifikante Unterschiede in der Festigkeitsbestimmung

Es ist anzumerken, dass, wie zu erwarten, die Übertragbarkeit der Ergebnisse aus ermittelten Labormessungen nur unter grossen Vorbehalten möglich ist. Wenn auch eine quantitative Aussageungenauigkeit realer Verhältnisse zu erwarten ist, so ist doch davon auszugehen, dass sich eine quantitativ annähernd richtige Bewertung ergibt.

3.2 In-situ-Messungen

Um das rheologische Verhalten von Gebirgskörpern zu erfassen, ist man gezwungen in-situ-Messungen vorzunehmen. Hierbei geht es nicht um Konvergenzmessungen , da diese als Resultat des Verhaltens des Salzkörpers zu sehen ist und durch konventionelle Konvergenzermittlung nicht auf rheologisches Verhalten geschlossen werden kann.

Die Schwierigkeiten bei der Durchführung von in-situ-Messungen liegen darin begründet, dass es unmöglich ist, einfache Spannungszustände, wie im Labor, herzustellen. Der einaxiale Spannungszustand ist annähernd allenfalls in schlanken Pfeilern zu finden.

Die Auswertungen solcher Messungen (z.B. im Plattendruckversuch) basiert auf Grundlage der Elastizitätstheorie. Da aber gerade darüber hinausgehende rheologische Parameter gesucht werden, schlägt Langer /18/ vor, diese mit Hilfe des sog. Korrespondenzprinzips zu ermitteln.

Das Korrespondenzprinzip besagt: Wenn ein spezielles quasi-statisches Problem für eine unabhängige Variable (Spannung oder Verformung) im elastischen Körper gelöst werden kann, dann genügt diese Variable in der visko-elastischen Lösung der gewöhnlichen Differentialgleichung, die sich daraus ergibt, dass die elastischen Konstanten in der elastischen Lösung durch die entsprechenden visko-elastischen Operatoren ersetzt werden. Damit ist folgerichtig, dass das Lösen rheologischer Grenzprobleme mathematisch als Prüfung verstanden werden kan, ob die entstehende Differentialgleichung integrierbar ist oder nicht.

Beim Plattendruckversuch wird der Gebirgskörper mit einem zusätzlichen Spannungszustand überlagert, und die daraus resultierende Deformation gemessen und ausgewertet. Den Aufbau eines Plattendruckgerätes zeigt Abbildung 9.

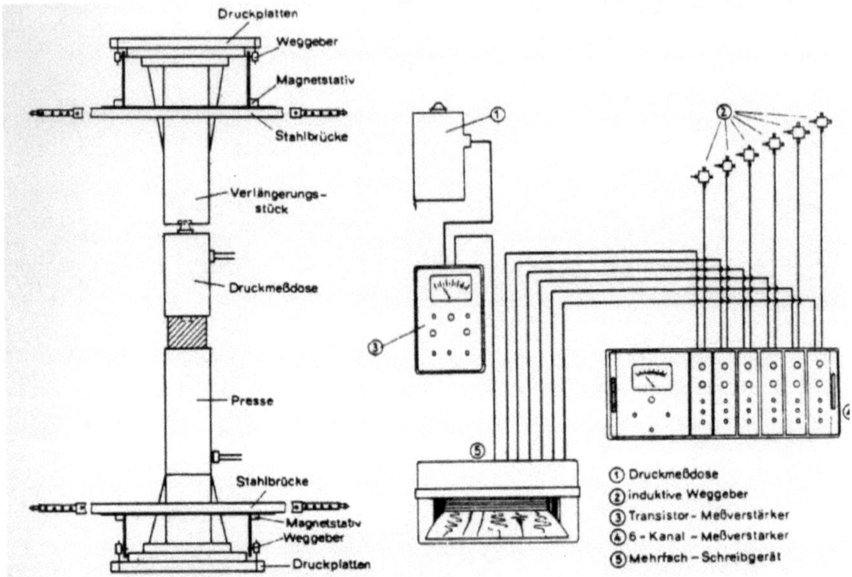

Bild 9: Aufbau eines 400-t-Plattendruckgerätes /18/

3.3 Dynamische Messmethoden

Innerhalb der Untersuchungsmethoden werden zum Ende die dynamischen Messungen vorgestellt. Ihnen kommt eine nicht zu vernachlässigende Bedeutung zu. Die dynamischen Messungen werden sowohl im Labor wie auch in-situ angewendet. Für die Durchführung der Versuche hat die Internationale Gesellschaft für Felsmechanik Empfehlungen erarbeitet und herausgegeben.

Bei den Labormessungen handelt es sich um Versuche mit Belastungen der Prüfkörper durch sinusförmige Normal- und Scherspannungen oder um Ausschwingvorgänge nach Befreiung dieser Belastungen. Weitergehende Untersuchungen sind dynamische Triaxial- oder einfache Scher- und Torsionsversuche. Zu nennen sind auch Resonanzversuche, mit denen Wellenlänge und Frequenzen der, die Prüfkörper durchdringenden, Schwingungen ableitbar sein.

Bei den insitu-Versuchen werden seismische Verfahren angewendet. Mit Hilfe gleichförmig sinusartiger Erregungen oder durch Explosionen werden die Ausbreitungsgeschwindigkeit, Ausbreitung und Dämpfung im Salzgesteinskörper bestimmt. Die Abhängigkeit der Ausbreitungsgeschwindigkeit v (in a) und der Dämpfung c (in b) von der Frequenz ω zeigt Abb. 10 für verschiedene rheologische Modelle.

a)

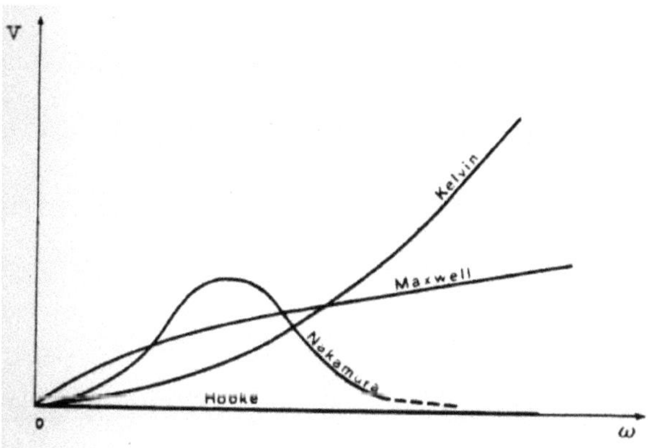

b)

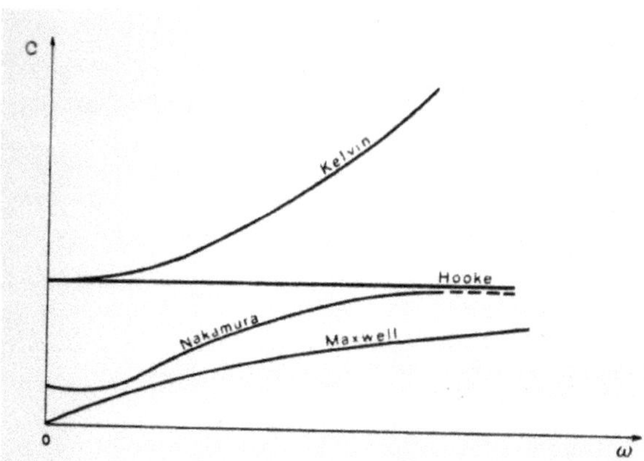

Bild 10: Abhängigkeit der Ausbreitungsgeschwindigkeit
und Dämpfung von der Frequenz für verschiedene rheologische Modelle /18/

4 Kriechen

Im Kapitel 2.2 wurde rheologisches Verhalten von Salzgesteinen in einigen Erscheinungsformen vorgestellt. Hier sollen auch die Ursachen für dieses Verhalten erläutert werden.

Allgemein lässt sich die Kriechrate $\dot{\varepsilon}$, als zeitliche Ableitung der Verformung, mathematisch durch eine Arrhenius-Gleichung angeben (Gl. 4.1):

$$\dot{\varepsilon} = f(\sigma, T, g) \exp\left[-\frac{\Delta U(\sigma, T, g)}{kT}\right]$$

mit: σ = Spannung

T = Temperatur

g = Gefüge, Struktur

ΔU = Aktivierungsenergie

k = Boltzmannkonstante.

Als Struktur ist die Anordnung der Gefügeelemente zu verstehen (z.B. Versetzungen, Fehlstellen, Korngrenzen etc.).

Werden Spannung und Temperatur konstant gehalten, kann sich die Kriechrate dennoch erhöhen, wenn sich die Struktur und somit der innere Spannungszustand ändert. Die in Gl. 4.1 aufgezeigte gefügekundliche Abhängigkeit der Kriechrate wird in der festkörperphysikalischen Betrachtungsweise darauf zurückgeführt, dass jedes reale Kristallgitter Störungen verschiedener Arten enthält.

Unterscheiden lassen sich folgende Gitterfehler /2, 10/:

- punktförmige (Gitterlücken und Fehlstellen.
- Zwischengitteratome und Substitutionsatome)
- linienhafte (Versetzungen)
- flächenhafte (Korngrenzen, Zwillingsgrenzen, Phasengrenzen).

Der Einfluss punktförmiger Gitterfehler ist nach Heusermann /10/ vernachlässigbar, da erst bei sehr hohen Temperaturen T > 400 °C ein ein wesentlicher Beitrag durch Wanderungen der Fehlstellen zur Verformung (als Diffusionnskriechen) leistet.

Den linienhaften Gitterfehlern kommt eine grosse Bedeutung zu, diese, als Versetzungen bezeichnet, sind als die im inneren eines Kristalls liegende Berandung eines abgeglittenen Kristallbereich zu verstehen /2/. Aufgrund von Bewegungen oder Bildung der Versetzungslinien werden plastische Verformungsmechanismen (Translation oder Gleit- und Zwillingsbildung) ausgelöst.

Kennzeichnend für die Versetzung ist zum Einen die Ebene, die durch plastisches Abgleiten entstanden ist, und zum Zweiten der Vektor der platischen Relativverschiebung des abgeglittenen Bereiches. Die Zahl der Gleitsysteme ist vom Kristallgefüge abhängig. NaCl-Kristalle (kubisch-hexoktaedrisch) besitzen durch ihre verschiedenen Gleitsysteme grosses Verformungspotential.

Auf flächenhafte Gitterstörungen soll hier nicht eingegangen weden, da deren Einfluss auf das Krichverhalten polykristaliner Materialen sehr gering ist /7/.

Neben der, wie in Gl. 4.1 gegebenen, mathematisch formalen Beschreibung des Kriechverhaltens, lässt sich dieses auch durch andere Modelle beschreiben //15/:

- mechanisch analog (rheologische Modelle)
- physikalisch (Versetzungstheorie)
- stochastisch.

Bevor auf die Beschreibungen und die daraus ableitbaren Stoffgesetze eingegangen wird, werden im Folgenden Phänomene einzelner Kriechphasen erläutert, wie sie in Abb. 11 dargestellt sind:

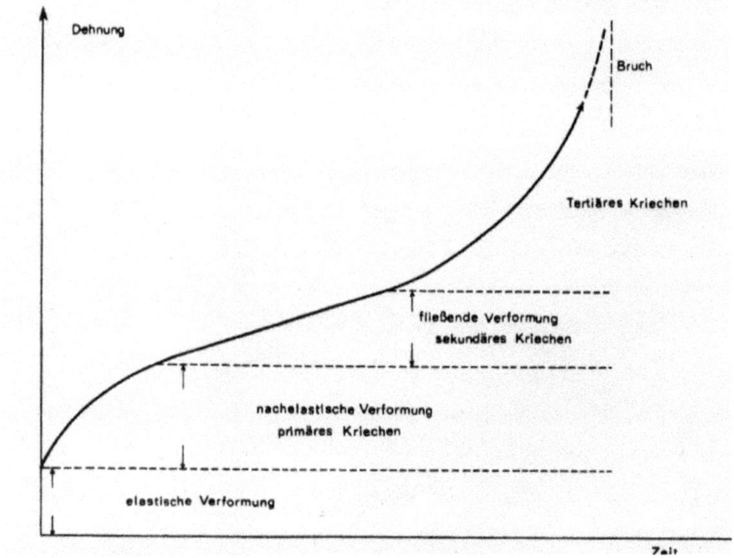

Bild 11: Systematische Darstellung der Kriechkurve

4.1 Kriechmechanismen

Leicht nachvollziehbar ist, dass hohe Temperaturen den Aggregatzustand von Stoffen beeinflussen. So verwundert es nicht, dass thermische Belastungen Kriechen beeinflusst. Diffusionsvorgänge führen zu Ortswechseln von Atomen im Gefüge, wodurch verfestigte Versetzungen aufgehoben werden können und infolge der Positionsänderung wird dieser Vorgang als Quer- oder Versetzungsgleiten bezeichnet.

Bei ausreichend hohen Temperaturen sind Verformungsvorgänge selbst bei geringen Spannungen irreversibel. Die Prozesse wie Versetzungsgleiten und Quergleiten sind diffusionsgesteuert, deshalb nehmen sie immer auch einen gewissen zeitlichen Umfang in Anspruch. Aus diesem Grund macht sich der damit verbundene irreversible Verformungsprozess erst über einen längeren Zeitraum bemerkbar.

All die oben genannten Prozesse wie Versetzungsgleiten und Korngrenzengleiten sind diffusionsgesteuert und nehmen somit immer einen gewissen zeitlichen Umfang in Anspruch. Aus diesem Grund macht sich der damit verbundene irreversible

Verformungsprozess erst über einen längeren Zeitraum bemerkbar. Kriechkurven liefern wichtige Erkenntnisse über die zeitliche Dynamik des Kriechens, d.h. wie das Kriechen zeitlich voranschreitet. Im Einzelnen werden die Kriechphasen gesondert betrachtet.

4.1.1 Primäres Kriechen

Bei niedrigen Spannungen und Temperaturen tritt logarithmisches Kriechen auf; Versetzungen werden an Hindernissen aufgestaut /20/. Durch diese Verfestigungserscheinung klingt das Kriechen allmählich aus; Erholungserscheinungen (Wandern von Versetzungen) verlieren an Einfluss.

Bei höheren Temperaturen bzw. steigenden Spannungen treten immer mehr Erholungsmechanismen in Erscheinung. Nach August wechseln dabei die Versetzungen aus aufgestauten Gruppen in andere Gleitebenen über und, neue Versetzungen werden gebildet (Frank-Read-Quellen). Das empirische Kriechgesetz lässt sich dann als Potenzfunktion (als sog. Andrade-Kriechen) darstellen. Dieses Kriechen kann bei Überschreitung einer maximalen Kriechdehnung, auch ohne das Stadium des sekundären Kriechens zu erreichen, zum Bruch führen /20/.

Modellrheologisch wird dieser Vorgang des primären Kriechens durch den sog. **Kelvin-Körper** (Kennzeichen K) wiedergegeben. Durch diesen wird ein linear visko-elstisches Verhalten charakterisiert. Dieser Körper ergibt sich aus einer Parallelschaltung der Hook´schen (Kennzeichen: H) und Newton´schen (Kennzeichen N) Grundelemente. Mehrere Autoren nennen den Bereich des rimären Kriechens „retadierende Elastizität“, die mit der Strukturformel /3, 16/:

$$K = H / N$$

erfasst werden kann.

Abb. 12 zeigt die Zusammenhänge:

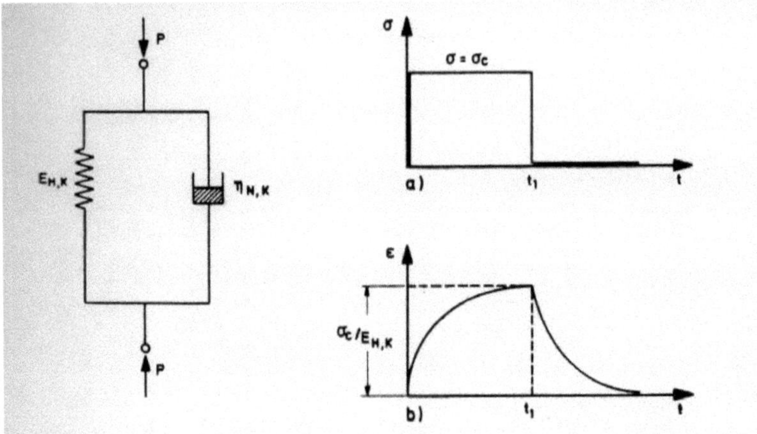

Bild. 12: Das rheologische Symbol des Kelvin-Modells, in a) Belastungs- und b) Verformungsdiagramm /16/

In Abb. 12 bedeuten:

P = Last

$E_{H,K}$ = Elastizitätsmodul des Kelvin-Körpers

$\eta_{H,K}$ = Viskositätskoeffizient d. Kelvin-Körpers

σ_C = konst. Normalspannung.

Die Verformungs-Zeit-Abhängigkeit wird nach Knoll durch :

$$\epsilon(t) = \epsilon_0 \exp\left[-\frac{E_{H,K}}{\eta_{N,K}} \cdot t\right] \quad (4.2)$$

erfasst, wobei $\eta_{H,K}$ / $E_{H,K}$ als Retardationszeit T_{Ret} bezeichnet wird. Diese gibt an, wann sich unter gleichbleibender Last der e-te Teil der Endverformung einstellt.

4.1.2 Sekundäres Kriechens

Wenn Verfestigungsvorgänge mit gleicher Geschwindigkeit wie die Erholungsvorgänge ablaufen, stellt sich eine konstante Kriechgeschwindigkeit ein. Diese Erholungsvorgänge können Klettern von Versetzungen, auch Diffusion von Leerstellen, Polygonisierung, Wandern von Feinkorngrenzen oder Rekristallisation sein. Knoll

Durch das rheologische Modell, dem **Maxwell-Körper,** wird das sekundäre Kriechen wiedergegeben. Dieser besteht aus einer Reihenschaltung der Grundkörper Hook´sche Feder und Newton´sches Dämpfungsglied mit der Stukturformel /16/:

M = H – N.

Abbildung 13 zeigt das Modell und das Belastungs- und Verformungsdiagramm:

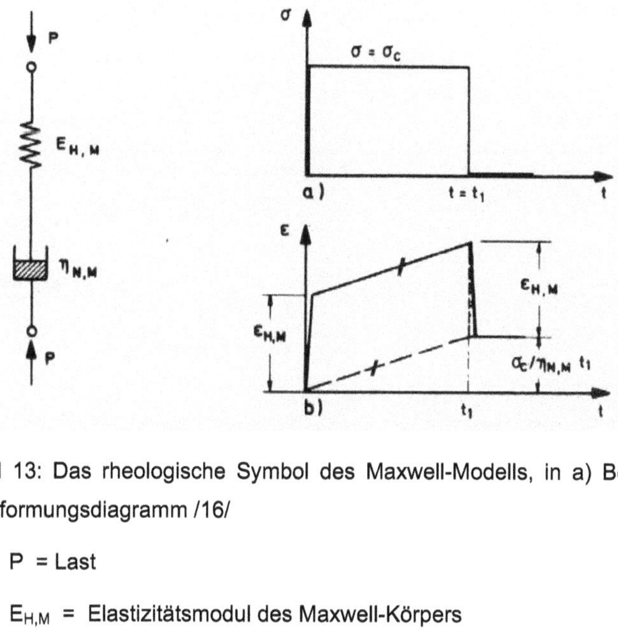

Bild 13: Das rheologische Symbol des Maxwell-Modells, in a) Belastungs- und b) Verformungsdiagramm /16/

P = Last

$E_{H,M}$ = Elastizitätsmodul des Maxwell-Körpers

$\eta_{H,M}$ = Viskositätskoeffizient d. Maxwell-Körpers

$\varepsilon_{H,M}$ = elastische Dehnung d. Maxwell-Körpers

σ_C = konst. Normalspannung.

In der mathematischen Erfassung der Spannungsrelaxaxion

$$\sigma(t) = \sigma_0 \exp\left[-\frac{E_{H,M}}{\eta_{N,M}} \cdot t\right] \quad (4.3)$$

stellt der Quotient $E_{H,M} / \eta_{H,M}$ den reziproken Wert der Relaxaxionszeit T_{Rel} dar. Diese ist definiert als die Zeit, in der die Spannung auf den e-ten Teil der Ausgangsspannung zurückgegangen ist.

4.1.3 Tertiäres Kriechens

Bei genügend grossen Spannungen wird ein zusätzlicher Mechanismus der Kriechverformung aktiviert; das Gleiten an den Korn- bzw. Mineralgrenzen (intergranulares Gleiten), nach August. Zusammen mit den Bewegungen der Versetzung führen diese Verschiebungen an den Körnern gegeneinander zu grossen Verformungen. In der Kriechkurve äussert sich diese Erscheinung durch eine beschleunigte Kriechbewegung. Das tertiäre Kriechen hat eine allmähliche Auflockerung an den Korngrenzen zur Folge; die Minerale lösen sich einzeln oder in Gruppen ab. Der Krechbruch führt zur Durchtrennung des Körpers entlang der Korngrenzen. Der Bruch kündigt sich also durch rasante Erhöhung der Verformungsgeschwindigkeit an /20/.

4.2 Deformationseinflüsse

Die Deformationseinflüsse auf Salzgestein sind Gegenstand zahlreicher Untersuchungen gewesen, eine Vielzahl von Publikationen belegt das. Dabei sind sich die Verfasser weitestgehend einig, dass das sekundäre Kriechen für das Langzeitverhalten von Steinsalz ausschlaggebend ist. Albrecht und Hunsche /1/ haben ein Deformationsdiagramm für natürliches polykristalines Steinsalz vorgestellt, das auf einem Deformationsdiagramm für reines Nickel nach Frost basiert (Abb. 14)

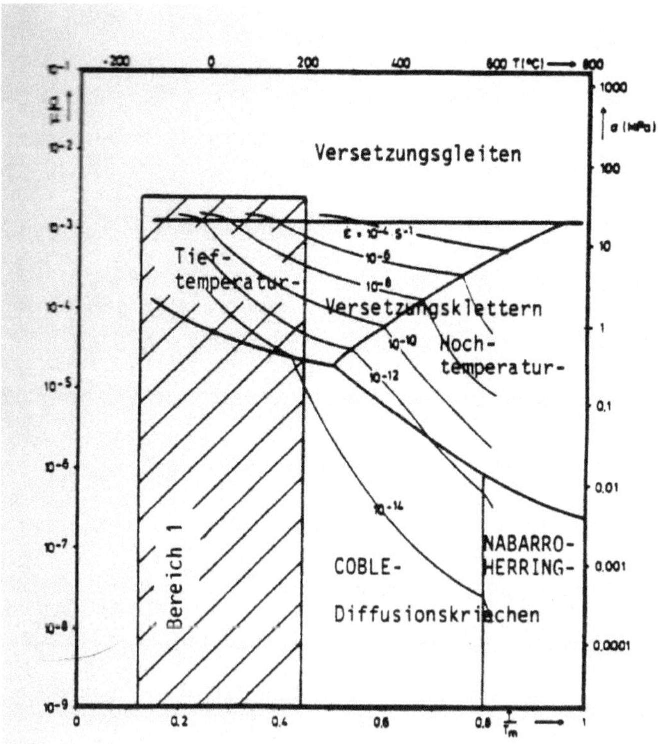

Bild 14: Deformationsdiagramm für Steinsalz

T_m = Schmelztemperatur

μ = Schubmodul

Im Bereich 1 liegt das Temperatur- und Spannungsgebiet vor, das sich für die Einlagerung radioaktiver Abfälle eignen könnte /1/ /27/.

Versetzungsgleiten dominiert bei hohen Spannungen und niedrigen Temperaturen. Die Verformung wird von der Fortbewegung der Versetzungen in der Gitterebene getragen. Der Anstieg der Versetzungsdichte und die damit gekoppelte Abnahme der Deformationsgeschwindigkeit entspricht dem primären Kriechen.

Versetzungsklettern ist aufgrund der höheren Temperaturen, relativ zur Schmelztemperatur, möglich. Dabei gelangen die Versetzungen in benachbarte Gitterebenen und weichen somit den Hindernissen aus. Die Stufenversetzungen haben dabei die Tendenz, sich aufzureihen und auf diese Weise Subkörner zu bilden (Polygonisierung). Da das Klettern mit einer Volumenänderung verbunden ist, die durch Diffusion zur weiteren Verformung abgebaut werden muss, wird der Hoch- und Tieftemperaturbereich unterschieden /1/, /2/.

Im Hochtemperaturbereich verläuft die Diffusion durch die Einzelkörner hindurch, im Tieftemperaturbereich findet eine Diffusion entlang der Versetzung statt.

Diffusionskriechen ist für die Verformung zuständig, da Versetzungen aufgrund hoher Temperaturen und kleinerer Spannungen keinen Einfluss mehr haben. Die Verformung durch Diffusion einzelner Atome unterscheidet sich, wie beim Versetzungsgleiten, nach Art der Diffusion. Zu unterscheiden sind:

- Nabarro-Herring-Kriechen (Transport von Atomen und Leerstellen in den Einzelkristallen als Senken bis zu den Kristallgrenzen) (Nabarro und Herring 1948//50)
- Coble-Kriechen (Diffusionsstrom entlang der Korngrenzen) (Coble 1950).

Hinzuweisen ist noch nach Albrecht, August und Langer auf die grössere Abhängigkeit des Coble-Kriechens vom Kornduchmesser.

4.3 Einflussparameter des Kriechens

Im Folgenden werden drei, das Kriechen beeinflussende, Parameter wie Temperatur, Belastung und der petrographische Aufbau beschrieben.

4.3.1 Temperatur

Der Einfluss der Temperatur auf die Kriechverformung bzw. auf das Festigkeitsverhalten ist in Abb. 15 dargestellt.

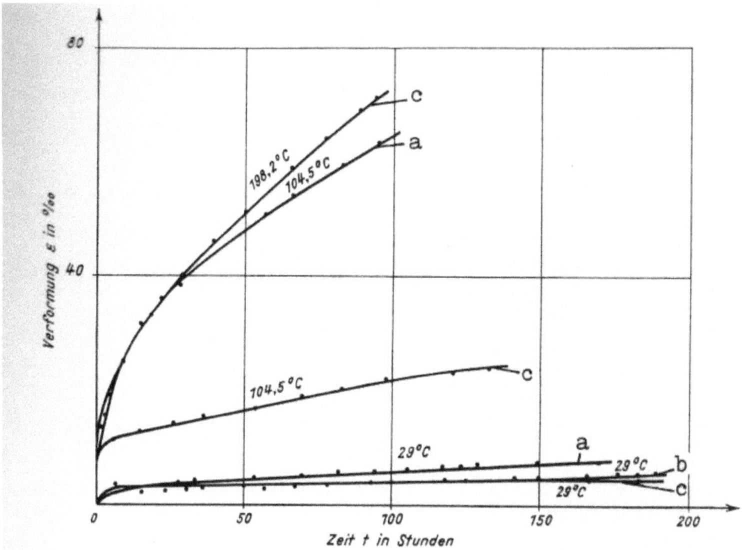

Bild 15: Einfluss der Temperatur und des Manteldrucks auf das Kriechverhalten von Steinsalz nach Le Compte /6/

Die Manteldrücke betragen: a) = 0 N/cm^2 und b) = 2040 N/cm^2 und c) = 10200 N/cm^2.

Die Darstellung (von Le Compte aus dem Jahr 1965) ist als Bestätigung der von Dreyer /7/ gefundenen Abhängigkiten zu sehen, die sich durch:

$$\varepsilon = A + Bt^n \qquad (4.4)$$

beschreiben lässt,

mit: A = Anfangsstauchung

B = Konstanten

n = Exponent zwischen und 1.

Von Langer /20/ wird festgestellt, dass bei Temperaturen unterhalb 0,2 Tm (Tm = Schmelztemperatur) das Kriechen einer logarithmischen Funktion folgt und eine Proportionalität zur Spannung und Temperatur besteht. Für T_m im Bereich 0,2 bis 0,5 ergibt sich eine Abhängigkeit der Kriechrate von t^n (mit n = 1/3) und die Proportionalität besteht nur noch zur wirksamen Spannung. Steigt innerhalb dieses

Temperaturbereiches die Spannung stak an, erfolgt für die Kriechrate eine Temperaturabhängigkeit nach der Arrhenius-Gleichung.

4.3.2 Belastung

Die Grösse der Kriechrate ist bedingt durch die belastungsart, -höhe, dauer und -folge, Seitendruck usw.. Zugversuche haben grössere Verformungen zur Folge als Druckversuche. Bereits um 1940 hat Griggs erkannt, dass die Kriechrate zunimmt, je näher sich die Belastung und Fliessgrenze kommen. Die Abhängigkeit der Verformung und der Belastung ist in Abb. 16 zu sehen.

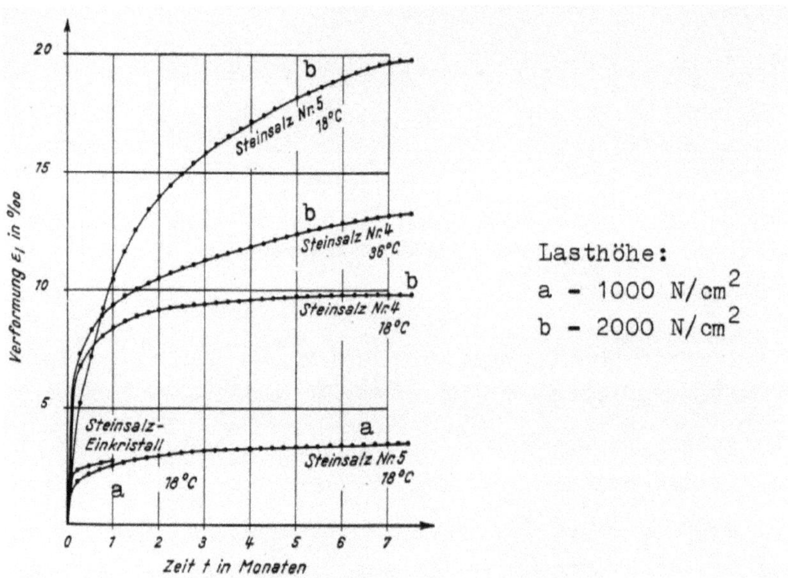

Bild 16: Abhängigkeit der Kriechkurve von Struktur, Lasthöhe und Temperatur /6/

4.3.3 Petrographischer Aufbau

Der Einfluss des petrographischen Aufbaus auf das Dauerstandverhalten verschiedenartiger Salzgesteine ist eingehend und umfangreich von Dreyer /6/ untersucht worden. Signifikante Ergebnisse sind in Tab. 4 und Abb. 16 zusammengefasst.

Probebezeichnung	Verformungswerte			
	beim normalen Druckversuch	beim Dauerstandsversuch		
		Anfangs-stauchung	Zunahme in 1 Woche	Summe
	‰	‰	‰	‰
Sylvinit Nr. 1	1,75	1,32	0,59	1,91
Hartsalz Nr. 2	1,96	1,72	1,84	3,56
Hartsalz Nr. 1	2,78	1,91	1,97	3,88
Steinsalz Nr. 2	2,68	1,68	2,14	3,82
Steinsalz Nr. 4	6,76	4,32	6,67	10,99
Steinsalz Nr. 5	>17	7,73	5,16	12,89

Tabelle 4: Verformungswerte /6/

Die in der Tabelle 4 ermittelten Werte der Verformung wurden bei einer Lasthöhe von 2.000 N/cm^2 ermittelt. Die Belastungsgeschwindigkeit beim Druckversuch betrug 1 N/cm^2 je Minute. Die Zeit beim Dauerdruckversuch betrug zwischen 1 Woche und mehreren Monaten. Die Temperatur wurde konstant auf 18 °C eingeregelt.

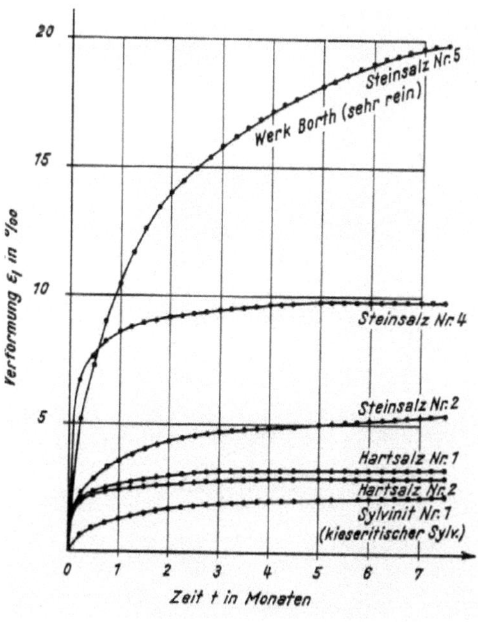

Bild 17: Kriechkurven verschiedener Salzgesteine /6/

Der Mineralbestand der verschiedenen Salzgesteine aus Abb. 16 sowie Tabelle 4 sind in der nachfolgenden Tabelle 5 zusammengefasst. Tabelle 5:

Salzgestein	Gehalte in %						
	Steinsalz	Kieserit	Anhydrit	Tonsubstanz	Sylvinit	Carnallit	Langbeinit
Steinsalz Nr. 2	97,34	0,22	2,36	0,08	-	-	-
Steinsalz Nr. 4	91,70	1,30	4,90	2,10	-	-	-
Steinsalz Nr. 5	98,64	0,29	1,05	0,02	-	-	-
Sylvinit Nr. 1	69,03	3,40	0,45	0,15	26,97	-	-
Hartsalz Nr. 1^{+}	46,45	32,13	0,51	1,25	18,68	0,08	0,59
Hartsalz Nr. 2^{++}	38,80	28,40	2,69	1,05	23,53	0,05	4,37

$^{+}$enthielt zusätzlich noch 0,31 % Kainit
$^{++}$enthielt zusätzlich noch 1,11 % Polyhalit

Bei der Würfeldruckfestigkeit halitischer Gesteine besteht eine sehr starke Abhängigkeit von Kieserit- und Anhydritgehalt. Die Kornfeinheit ist für die Festigkeit ebenfalls ein bestimmender Parameter. Dieses Postulat erhebt Dreyer /6/ in seiner Publikation über die Festigkeitseigenschaften von Salzgesteinen. Zwar wird von Autor keine Feststellung expressis verbis getroffen, ob das Kriechverhalten eine gegenläufige Tendenz zur Würfeldruckfestigkeit aufweist, das ist späteren Untersuchungen vorbehalten, dennoch scheint dieser Eindruck als Hypothese durchaus möglich zu sein. Denn so zeigt sich in Abb. 17, dass das Steinsalz Nr. 5 die grösste Verformung; diese Probe war sehr rein und grobkristallin. Bei einer Kornfeinheit von 1,11 Körnern je cm^2 wird der Probe eine Würfeldruckfestigkeit von 3.340 N/cm^2 zugewiesen, während bei der feinkörnigen Probe des Steinsalzes Nr. 5 mit einer Kornfeinheit von 98,17 Körnern je cm^2 die Würfeldruckfestigkeit 3.820 N/cm^2 beträgt. Ein ähnlicher Vergleich ergibt sich mit dem Kieseritgehalt. In einer Spanne zwischen 0 % und 8 % Kieseritanteil steigt die Würfeldruckfestigkeit des Steinsalzes Nr. 5 von 3.520 N/cm^2 auf 3.780 N/cm^2.

5. Stoffgesetze für Steinsalze

Die mehrachsigen untertägigen Spannungszustände erfordern entsprechend mehrachsige Stoffgesetze. Diese liegen in der Regel aber nicht vor, da sie auf Grundlage einachsiger Laborversuche erstellt werden. Um dennoch die Anwendung der Stoffgesetze zu ermöglichen, stellt Heusermann /10/ ein von Odqvist/Hult entwickeltes Verfahren vor, das auf der Invariantentheorie 2 beruht. Voraussetzungen bei der Anwendung sind:

- Volumenkonstanz während des Kriechvorganges
- Ein überlagerter isotroper Spannungszustand ist ohne Einfluss auf die Kriechrate
- Das betrachtete Material hat isotrope, physikalische Eigenschaften, so dass die Hauptachsen der Kriechgeschwindigkeiten und der Spannungen kolinear sind
- Das zeitabhängige Materialverhalten unter Kompressions- und Extensionsbeanspruchung ist gleich.

Mit dem Ansatz:

$\underline{\dot{\varepsilon}}^{v} = c * s_{ij}$ (5.1)

mit: $\underline{\dot{\varepsilon}}^{v}$ = zeitl. Ableitung des Kriechverzerrungsvektors

s_{ij} = Spannungsdeviator

c = invariante Funktion von s_{ij} mit Abhängigkeiten von Zeit t und Temperaur T und dem Strukturparameter s_i

ergibt sich eine mehrachsige Beziehung für die zeitliche Ableitung des Kriechverzerrungsvektors:

$\underline{\dot{\varepsilon}}^{v} = f(\sigma_{eff}, \dot{\varepsilon}^{v}_{eff}, t, T, s_i) * s_{ij}$

mit: σ_{eff} = effektive Spannung

$\dot{\varepsilon}^{v}_{eff}$, = effektive Kriechverzerrung.

---

2 Invariantentheorie ist ein Zweig der abstrakten Algebra, der sich mit Aktionen von Gruppen auf algebraische Varietäten, wie Vektorräumen, unter dem Gesichtspunkt ihrer Wirkung auf Funktionen befasst. Klassisch ging es in der Theorie um die Frage der expliziten Beschreibung von Polynomfunktionen, die sich unter den Transformationen einer gegebenen linearen Gruppe nicht oder invariant verändern.

Alle bekannten Stoffgesetze lassen sich in drei Gruppen einteilen, nach Art ihrer Ansätze sind dabei zu unterscheiden:

- mathematisch-empirische
- modellrheologische
- strukturelle.

5.1 Mathematisch-empirische Stoffgesetze

Die mathematisch-empirischen Stoffgesetze verknüpfen die rheologischen Parameter durch Potenz-, Exponential-, logarithmische oder hyperbolische Ansätze. Diese werden unter Einbeziehung von Zeitverfestigung, Dehnungsverfestigung mit und ohne Berücksichtigung der Temperatur ggf. erweitert.

Im Folgenden wird eine Darstellung zur Ermittlung eines Stoffgesetzes skizziert, und des Weiteren andere Stoffgesetze vorgestellt.

Ableitung einen Kriechgesetzes nach Knoll /15/:

Knoll greift dabei auf die Ableitung einer Kriechfunktion von Mott zurück, die in Anlehnung an Wyatt (von 1953) 3 aufgestellt worden ist. Im niedrigen p-T-Bereich ergibt sich logarithmisches Kriechen nach:

$$\varepsilon = \alpha (\log \gamma^* t + 1)^s \qquad (5.3)$$

Die Bezeichnung der Parameter am Ende dieser Ausführung

für höhere p-T-Bedingungen gilt das sog. „Andrade-Kriechen". Die sich ändernde Kriechgeschwindigkeit aufgrund des erhöhten Aktivierungsenergiebedarfs zum Lösen der Versetzungen beschreibt Knoll mit:

$$\frac{d\epsilon}{dt} = \nu * N * b * A\exp\left(\frac{-U(\sigma)}{kT}\right) \qquad (5.4)$$

wobei $U(\sigma) = B * (1 - \frac{\sigma}{\sigma o})$ ist. (5.5)

Stellt σ_0 die Spannung dar, die nötig ist, um eine Versetzung zu lösen, uns ist σ die aufgebrachte Spannung, so ergibt sich mit:

---

3 Diese Kriechfunktion wurde 1954 in der Publikation mit dem Titel: „CLOSURE OF THE FORAMEN OVALE IN NEWBORN LAMBS" im Nuffield Institute for Medical Research, University of Oxford vorgestellt.

$$\varepsilon\Theta = \sigma_0 - \sigma = \Delta\sigma \qquad (5.6)$$

für Gleichung 5.5

$$U_{(\sigma)} = B * \Theta * \frac{\varepsilon}{\sigma o} \qquad (5.7)$$

und für Gleichung 5.4

$$\frac{d\epsilon}{dt} = \nu * N * lo^2 exp\left(\frac{-B*\Theta*\varepsilon}{\sigma o * kT}\right) \qquad (5.8)$$

Wird Gl. 5.8 integriert, ergibt sich das Endergebnis oder das Stoffgesetz für den primären Kriechbereich zu:

$$\varepsilon = \alpha * \ln(\gamma t + 1). \qquad (5.9)$$

Parameterbestimmung Kapitel 5.1:

Gl. 5.3: $\alpha = (kT * \sigma_0 / B * \theta) =$ Konstante

$\gamma = (N * b * lo^2 * \frac{\nu}{\alpha}) =$ Konstante

t = Zeitabhängigkeiten

s = 1

Gl. 5.4: ν= Frequenz

N = Dichte der Hindernisse

b = Burgersvektor

A = Fläche

k = Bolzmann´sche Konstante

T = Temperatur

Gl. 5.5: B = Energie eines Versetzungssprunges

Gl. 5.6. Θ = Anstieg $\frac{d\sigma}{d\varepsilon}$ am Ende der Belastung

Gl. 5.8: l_O = Gleitstrecke

In einer kritischen Gegenüberstellung sind von Heusermann /10/ vier mathematische-<u>empirisch</u> ermittelte Stoffgesetze vorgestellt, von:

- Odqvist für die Gesamtdehnungstheorie,
- Boresi/Deer mit Zeitverfestigung,
- Menzel/Schreiner mit Dehnverfestigung,
- Fossum mit Dehnverfestigung.

Durch einen Vergleich der Stoffgesetze mit gemessenen Kriechkurven wird festgestellt, dass der Ansatz mit einer Zeit- bzw. Dehnverfestigung für den Primärkriechanteil zu erheblichen Abweichungen führt. Der Zeitverfestigungsansatz erweist sich als völlig ungenügend, wenn ein Wechsel der Beanspruchungen erfasst werden soll. /10/

5.2 Modellrheologische Stoffgesetzes

Im Kapitel 2.1 ist die Möglichkeit erörtert worden, durch Verschachtelungen rheologischer Grundkörper komplexe Modelle herzustellen. Diese erlauben es dann, zeitabhängiges Spannungs-Dehnungs-Verhalten zu approximieren. Die Genauigkeit ist von der Anzahl der verwendeten Parameter abhängig.

In den Abbildungen 18 bis 20 sind Modelle von Loonen /21/, Langer /10/ und Heusermann /10/ dargestellt:

Mechanisches Modell	Zustandsgleichung	Konvergenz an der Hohlraumkontur
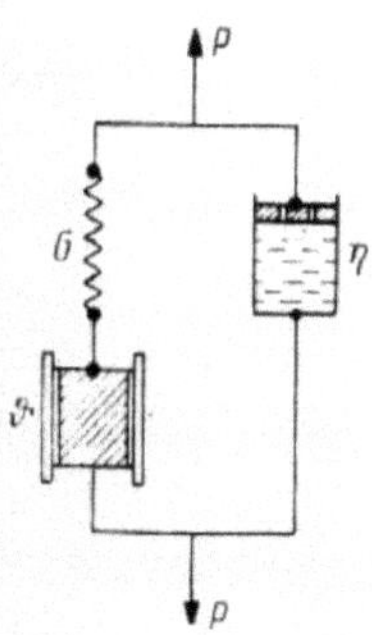	$S_{ij} = Ge_{ij} + 2\eta\dot{e}_{ij}$ tür $\lvert S_{ij}\rvert < \lvert\vartheta\rvert$ $S_{ij} = \vartheta + 2\eta\dot{e}_{ij}$ für $\lvert S_{ij}\rvert \geq \lvert\vartheta\rvert$	$K_{(t)} = \frac{R^2}{a\,G} \cdot \frac{2K}{\sqrt{3}}$ $R_{(t)}$ = Radius der plastischen Zone zur Zeit t $R(\infty) = a\,e^n$ = Endradius $n = \frac{p - \frac{2K}{\sqrt{3}}}{\frac{4K}{\sqrt{3}}}$

Bild 18: Visko-elastoplaschisch-plastisches Modell nach Loonen /13/

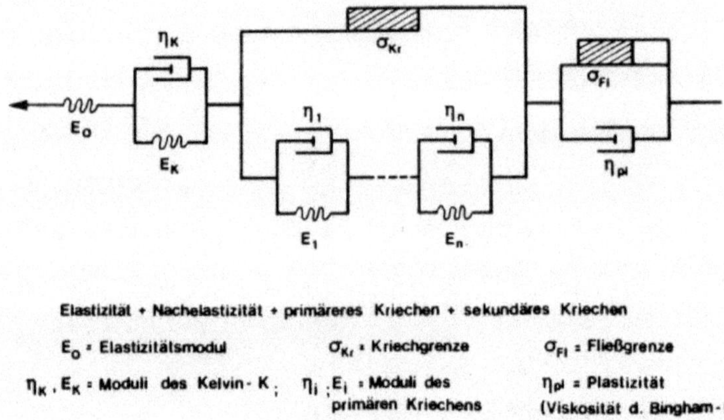

Bild 19: Erweiterter Schofield-Scottblair-Körper nach Langer /19/

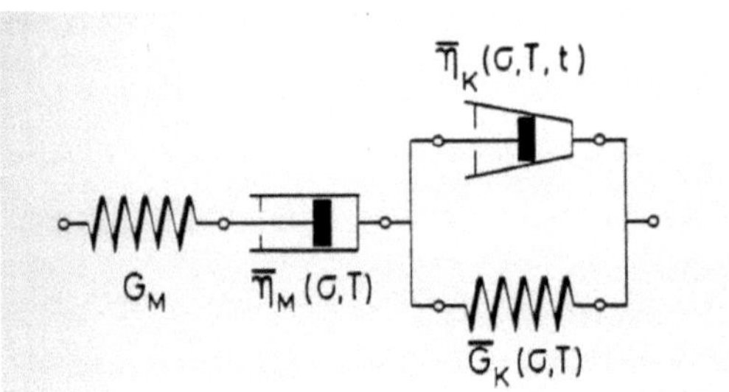

Bild 20: Modifiziertes Burgers-Modell nach Heusermann /10/

Mit diesen Darstellungen sollte gezeigt werden, welche Entwicklungen die rheologischen Modelle, von den Grundkörpern ausgehend, genommen haben. Deutlich ist der Sprung zu einer erweiterten Anzahl rheologischer Körper zwischen den Modellen in Abb. 18 und Abb. 19 zu sehen. Eine Vereinfachung der Modelle lässt sich erkennen, wenn einzelne Grundelemente furch funktionale Abhängigkeiten dargestellt werden (Abb. 20). So kann unter Vernachlässigung der Definition einer Fliessgrenze und des nachelastischen Verformungsanteils mit den Modellen aus Abb. 19 und Abb. 20 gleiches rheologisches Verhalten dargestellt werden.

5.3 Strukturelle Stoffgesetze

Zur Bestimmung struktureller Stoffgesetze können, wie in Kap. 4.2 vorgestellt, Deformationsdiagramme benutzt werden. Die diese schon detailliert erläutert wurden, kann hier auf eine erneute Darstellung verzichtet werden.

6. Aspekte für den Hohlraumbau

Die Auswirkungen des besonderen rheologischen erhaltens von Salzgestein in Form von Kovergenzen, Spannungsumlagerungen, Festigkeitsverhalten in Salzpfeilern usw. sind von vielen Autoren bearbeitet worden. Um nur einige zu nennen, sei auf die Arbeiten von Dreyer /7/, Vollstedt /26/, Carter /5/, Schmidt /25/ und Heard /9/ hingewiesen.

Es ist davon auszugehen, dass die Rheologie zum besseren Verständnis und zum Nutzen der Kenntnis von den Verhältnissen im Salzgebirge in die Gebirgsmechanik eingeführt und modifiziert worden ist. So sind die entwickelten Stoffgesetze unabdingbare Voraussetzungen um reale spannungsmässige Verhältnisse, mit Hilfe der Finiten-Elemente-Methode (FEM), um einen Hohlraum numerisch bestimmen zu können. In Abb. 21 sind mit der FEM Bereiche des tertiären Kriechens um einen Hohlraum in zeitlicher Abhängigkeit bestimmt worden:

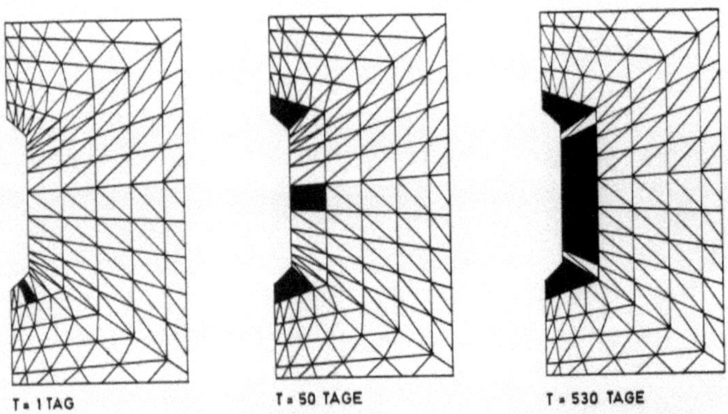

Bild 21: Elemente im Bereich des tertiären Kriechens /4/

Neben der Ermittlung der Spannungszustände spielt die Konvergenzvorausberechnung eine grosse Rolle. Es sind mathematische Formeln, bei denen eine Allgemeingültigkeit beansprucht wird, vorgestellt worden /7/. Dabei ist kritisch anzumerken, dass diese immer wieder mit „Frimelfaktoren" ausgestattet werde, um reale Verhältnisse der Konvergenzen mit den Vorausberechnungen in Übereinstimmung bringen zu können.

Nit zuletzt gilt es den Bergbau, und das ist ja immer auch Hohlraumbau, sicherer zu machen bzw. ihn zu erhalten. Die rheologischen Ansätze haben dazu beigetragen, die Verhältnisse im Gebirgskörper und den Salzpfeilern besser zu verstehen, so dass frühzeitig Massnahmen zur Stützung der Pfeiler durchgeführt werden können.

Müller-Salzburg /22/ äussert sich dahingehend, daaa er die entscheidende Stärke der montanen Forschung überhaupt, auf dem Feld der Gebirgsmechanik, in der rehologischen Behandlung mechanischer Probleme sehe.

7 Fazit

In den bisher deutschsprachigen Veröffentlichungen zeigt sich ein durchgehend unterschiedlicher Ansatz der Wissenschaftler bei der Grundlagenermittlung Rheologie in die Gebirgsmechanik einzubeziehen. Hier zeigt sich eine „junge" Wissenschaft. Eine Standardisierung, wie sie in älteren Wissenschaftsgebieten selbstverständlich sind, werden vermisst. Damit ist eine Vergleichbarkeit der publizierten Forschungsergebnisse nicht gegeben. Allein der Versuch Forschungsergebnisse zu verifizieren und zu vergleichen kostet zu viele Ressourcen. Hier sind internationale und nationale Standards zwingend erforderlich.

Bei der Würfeldruckfestigkeit halitischer Gesteine besteht eine sehr starke Abhängigkeit von Kieserit- und Anhydritgehalt. Die Kornfeinheit ist für die Festigkeit ebenfalls ein bestimmender Parameter. Dieses Postulat erhebt Dreyer /6/ in seiner Publikation über die Festigkeitseigenschaften von Salzgesteinen. Zwar wird von Autor keine Feststellung expressis verbis getroffen, ob das Kriechverhalten eine gegenläufige Tendenz zur Würfeldruckfestigkeit aufweist, das ist späteren Untersuchungen vorbehalten, dennoch scheint dieser Eindruck als Hypothese durchaus möglich zu sein.

Darüber hinaus besteht die Erkenntnis in der Hoffnung, dass zukünftige Forschungsarbeiten eher in die Richtung einer vereinheitlichen „Grundlagenforschung" geht, als „spezielle" Fragestellungen zu entwickeln und denen „zielgerichtet" nachzugehen. Die Vielfalt geologischer Verhältnisse, mit den sich daraus ergebenden Erkenntnissen der gebirgsmechanischen Zusammenhänge zu vereinen, darin besteht das das Ziel der Wissenschaft und nicht in der eigenen Wahrnehmung der Bedeutung durch die Anzahl oder die Wichtigkeit der eigenen Darstellung von Publikationen.

Trotz der Schwäche, die sich in dieser Auswertung der vorliegenden deutschsprachigen Literatur zeigt, ist das vorliegende Ergebnis dennoch eine Arbeit, die es ermöglicht ein gutes Verständnis für ein Teilaspekt der Gebirgsmechanik, insbesondere für Salzgesteine mit dem rheologischen Ansatz, zu entwickeln.

8 Zusammenfassung

Rheologie als Lehre der Deformierbarkeit der Stoffe findet in der Gebirgsmechanik und insbesondere in der Salzmechanik seit den 50er Jahren Anwendung. Mittels idealer rheologischer Grundkörper lässt sich das Verhalten von Salzgestein darstellen, was sich beispielsweise durch Relaxation äussert. Zu unterscheiden ist das Verhalten im elastischen, plastischen-, zeitabhängigen- und Bruch-Bereich.

Untersuchungen rheologischer Parameter werden im Labor und in-situ durchgeführt, wobei auffällig ist, dass sehr unterschiedliche Ansätze und Messmethoden angewendet werden. Eine Vergleichbarkeit der Ergebnisse ist kaum gegeben. Viele rheologische Modelle werden lediglich modifiziert, anstatt sich auf eine Vereinheitlichung der Methodik zu konzentrieren.

Bei der Betrachtung des Zeit-Deformationsverhaltens unter Belastung, dem sog. Kriechen, lassen sich vier Phasen unterscheiden:

- primäres Kriechen,
- sekundäres Kriechen,
- tertiäres Kriechen,
- Bruch.

Durch eine festkörperphysikalischen Betrachtungsweise lässt sich das besondere Deformationsverhalten von Haliten erläutern. Einflussparameter des Kriechens sind u.a. Temperatur, Belastung und petrographischer Aufbau.

Aus unterschiedlichen Ansätzen heraus lassen sich rheologische Stoffgesetze für Salzgesteine ableiten. Diese Ansätze sind:

- mathematisch-empirisch,
- modellrheologisch,
- strukturell.

Für den Hohlraumbau ergibt sich durch die rheologische Betrachtungsweise, die über die Elastizitätstheorie hinausgeht, eine bessere Erfassung realer Spannung-Deformations-Verhältnisse. Konvergenzvorausberechnungen und numerische Bestimmung von Spannungen und Verformungen sind Errungenschaften in der Salzmechanik, die durch Anwendung der Rheologie in Verbindung mit der Finiten-Elemente-Methode erst möglich wurden.

9 Bild- und Tabellenverzeichnis

10 Literaturverzeichnis

/1/ Albrecht, H., Hunsche, U., Gebirgsmechanische Aspekte bei der Endlagerung radioaktiver Abfälle in Salzdiaprien unter besonderer Berücksichtigung des Fiessverhaltens von Steinsalz

Zeitschrift Fortschritte Mineralogie Nr. 58, 1980

/2/ August, M., Theorie statistischer Versetzungen

Leipzig, 1966

/3/ Borchert, K. M., Richter, T., Spannungsverhalten von Salzgestein unter mehraxialer Belastung

Zeitschrift Kali und Steinsalz Nr. 7, 1979

/4/ Borchert, K. M., Klapprich, H., Richter, T., Berechnungen von Verformungen und Spannungen in Salzkavernen unter Berücksichtigung eines visko-plastischen Materialverhaltens

Int. Kongress über Felsmechanik, Montreux, 1979

/5/ Carter, N. L., Heard, H. C., Temperatur and rate dependent deformation of halite

Zeitschrift American Journal of Science Nr. 269, 1970

/6/ Dreyer, W., Die Festigkeitseigenschaften natürlicher Gesteine insbesondere der Salz- und Karbongesteine

Berlin, 1967

/7/ Dreyer, W., Gebirgsmechanik im Salz

Stuttgart, 1974

/8/ Reanzov, Z. S., et all, Festigkeits- und Verformungsverhalten von Steinsalz und Grundlagen der Berechnung des Spannungs- und Verformungszustandes des Salzgebirges um untertägige Hohlräume

Freiberger Forschungseft Nr. A 598, 1978

/9/ Heard, C.H., Steady-state flow in polycristalline halite at pressure of 2 kilobars

Geophysics Monographic Series, Vol. 16, 1972

/10/ Heusermann, St., Kritische Gegenüberstellung und Bewertung von Stoffgestzen zur Beschreibung des Kriechverhaltens von Steinsalz auf der Grundlage von Laboruntersuchungen und in-situ-Messungen

Dissertation Universität Hannover, 1982Int. Kongress über Felsmechanik, Montreux, 1979

/11/ Höfer, K.-H., Untersuchungen von Verformungen und Spannungen um Hohlräume im visko-elastisch-plastischen Medien

Zeitschrift Bergakademie Nr. 16, 1964

/12/ Höfer, K.-H., Rheologische Modelle und in-situ-Messungen im Salzgebirge

6. Ländertreffen des int. Büros für Gebirgsmechanik, Berlin 1965

/13/ Höfer, K.-H., Grundprobleme der Gebirgsmechanik

Leipzig, 1965

/14/ Jaburek, F., Die Rheologie in der Gebirgsmechanik

Berg- und Hüttenmännische Monatshefte Nr. 114. 1969

/15/ Knoll, P., Beitrag zuBerg- und Hüttenmännische Monatshefte Nr. 114. 1969m Einfluss der Zeit auf Verformung und den Bruch von Salzgesteine

Freiberger Forschungsheft Nr. A 528, 1975

/16/ Koenzen, J. P., Rheologische Eigenschaften Silikat-Injizierter Korngerüste

Dissertation Universität Karlsruhe, 1975

/17/ Kratzsch, H., BergscBerg- und Hüttenmännische Monatshefte Nr. 114. 1969hadenskunde

Berlin 1974

/18/ Langer, M. Rheologie der Gesteine

Zeitschrift Deutsche Geologische Gesellschaft Nr. 119, 1967

/19/ Langer, M., Grundzüge einer theoretischen Salzmechanik

3. Nat. Tagung über Felsmechanik, Aachen 1978

/20/ Langer, M., Rheologisches Verhalten von Gestein und Fels

Int. Kongress über Felsmechanik, Montreux, 1979

/21/ Loonen, I. H. E., Theoretische Berechnungen der um einen Hohlraum in einem visko-elastisch-plastischem Medium auftretenden Spannungen und Verschiebungen

Central Poefstation von de Statsminjen in Limburg, Hoensbrock-Treebeck, 1962

/22/ Müller-Salzburg, L., Geomechanik – Wege und Entwicklung einer jungen Wissenschaft

Berg- und Hüttenmännische Monatshefte Nr. 116. 1965

/23/ Rösler, H. J., Lehrburch der Mineralogie

Leipzig, 1981

/24/ Salustowicz, A., Neue Anschauungen über Spannungs- und Formänderungszustand im Gebirge in Nachbarschaft bergmännischer Hohlräume

Int. Gebirgsdrucktagung Leipzig 1958

/25/ Schmidt, A. Berechnung rheologischer Zustände im Salzgebirge mit vertikalen Abbauen in Anlehnung anin-situ-Messungen

Dissertation Universität Braunschweig, 1984

/26/Vollstedt, H.-W., Berechnung von rotationssymmetrischen Kavernen bei rheologischem Gebirgsverhalten

Dissertation Universität Braunschweig, 1978

/27/ Wallner, W., Cainenberg, C. Und Gonther, H., Ermittlung zeit- und temperaturabhängiger mechanischer Kennwerte von Salzgesteinen

Int. Kongress über Felsmechanik, Montreux, 1979